すうがく
さんぽ

はじめに

　わたしは、絵本や翻訳という、数学というイメージとは、かけ離れた仕事をしています。高校時代には、積分のテストで不合格点を取って、早朝に補習を受けたりしました。

　そんなわたしが、なぜ数学の本を？　と思われる読者もいらっしゃることでしょう。ですが、ふりかえると、自分は意外と数学が嫌いではなかったと思います。

　いちばん好きだったのは「証明」でした。論理を組みたてて、結論に導いていくその道筋をつくるのが、パズルのようでおもしろくて、ずっとやっていたいと思っていたのをおぼえています。ですが、そんな楽しい授業は多くはなく、数学は苦手という意識だけが残って、おとなになりました。

　さて、誰しも同じですが、生きていると耐えるのがむずかしい現実に出会うこともあります。わたしにもそういう時期がありましたが、そのときに、ふと手にとったのが、イギリスの数学者マーカス・デュ・ソートイの『素数の音楽』という本でした。　素数の世界を

詩的に表現した重厚長大な読みものでしたが、それまで読んできた歴史や文学や社会問題など、いわゆる「人文系」の本とはかなりちがう、抽象的な透明感に満ちている気がしました。

　それがきっかけで、数学の一般向け読みものをすこしずつ読むようになりました。　やはりイギリス出身の数学者であるサイモン・シンの『フェルマーの最終定理』のような秀逸なドキュメンタリーもあれば、講談社ブルーバックスの竹内外史先生の『集合とはなにか』のような基礎的な解説本もふくめ、読んだ本が50冊ははるかに超えてきたころ。毒のような澱（おり）のようなものにまみれて淀んでいた気持ちがすっきり、元気を取り戻してきました。

　そのとき数学の世界に感じとれたもの、それは、生死や感情にかかわる残酷さがない、生きるゆえの「業（ごう）」を感じなくてすむ、永遠の宇宙の真理か自然の法則ともいえそうな、どこまでも澄んだものでした。そして、それまで自分が絵や絵本のテーマとして親しんできた草花や動物も、実は法則性のある「幾何学的」な姿形をもっていることに気づきました。

　とはいえ、数学という世界で紹介されている論や数式のあつまりをほんとうに理解するのは無理です。ひらきなおるようですが、それを実際に理解するには、たぶん特別な才能が必要で、高度なもの

は、ほんとうに理解できる人は世界でも指折り数えるほどといわれています。ふつうに成績がよいとか悪いとかいうレベルではない、数学には特別な才能が必要なように感じられます。

　考えてみれば、数学に限らず自分が完全に「理解できる」ことが、この世界にどれくらいあるでしょうか？　理解できないから目をそむけるのではなく、素直に自由に、そこで何が語られているかを感じとることはできそうです。

　わたしが『すうがく　さんぽ』を書いてみようと思ったのは、特別な数学の才能はもたないひとりの一般人であるわたしが、そんなふうに数学をながめて感じとったことを、同じ距離感で数学をながめている方々と共有できないだろうか、と思ったからです。

　数学といえば、意味不明の数式が並んでいてチンプンカンプン、というイメージですが、考えてみればピタゴラスの定理で有名なピタゴラスの生きていた古代ギリシャには数式はなかったし、和算とよばれる高度な数学が発達していた日本の江戸時代、やっぱり数式はなく、みんな漢数字やそろばんで数学をしていました。
『すうがく　さんぽ』をしてみて、発見したこと。それは「数学は計算の技術を暗記することではなく、さまざまなものの見方の経験」だということです。

たとえば、同じ形を角度をかえてみると、ぜんぜんちがうものに見えます。見る位置によってちがうから、だれかほかの人とそれぞれちがうものを見ていると思っていても、実はそれは同じ1つのものの別の面かもしれません。逆に、同じものを見ているつもりでも、見る位置がちがうから、まったくちがって見えていることもありそうです。

　そんなあたりまえのようでいて、あたりまえでないようなことを、わたしに教えてくれたのが、今から読者のみなさんとご一緒したい『すうがく さんぽ』です。

ある面から見ると、丸い的のように見えるものが、上から見ると、鉛筆だったことがわかります。

も く じ

自然界の数の法則

　人工的な建物は、直線や幾何学的な形に囲まれていますが、自然は、不規則で有機的なものだと思っていました。けれども、よくみると、自然の中には数や形の法則がかくれていることに気づきます。

　たとえば、雪の結晶は六角形ですし、庭に植えてある野いちごの花びらは5枚、がくも5枚、葉は3枚一組、おしべは20本と決まっています。ときどき例外はあっても、この規則性は、つねに守られます。ちなみに、花のおしべは、がくが変化したと考えられているので、おしべが20本なのは、1枚のがくが4本に分かれ、がくの枚数5の倍数で20になったのかもしれません。

　また、動物の顔や体も左右対称、つまり「線対称」。それにひまわりやデイジーのような花は「点対称」という形です。森羅万象は、実は数や形の法則で成り立っているようです。

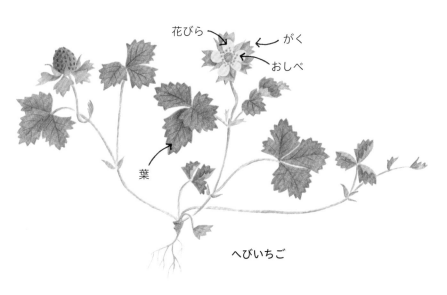

花びら
がく
おしべ
葉
へびいちご

点対称
中心点のまわりが対称

線対称
1本の線の両側が対称

数は
どうしてうまれたの？

　　カラスやイノシシは、5くらいまでの数を数えられる、という実験結果があるそうです。

　　人間が、いつごろから数を数えはじめたのかはわかりません。いっしょにいるメンバーの数、食べものの数などをおぼえておくことが必要になり、数を数えるようになったのでしょうか。子どもがまずそうするのと同じで、数をものと対応させるとおぼえやすいので、手足の指は最初に役に立ったはずです。私たちがふだん使っている十進法は、手足の指が左右5本ずつ、合計10本ずつあることからうまれた、といわれています。

数をあらわす文字

　原始時代の人々は、たとえば目の前にあるどんぐりの数を数えるのに指を折ったり、指に印をつけたり、地面や木などに、その数と同じ本数の傷をつけたりしていたようです。片手の指何本分とか、そんなふうに数を記録していたのでしょう。

　やがて、世界のあちこちで数をあらわす文字が発明されました。その中でも、今わたしたちがふだん使うのは「アラビア数字」。もとはインドが起源で、そこからアラビアに伝わり、西洋、極東へと広がったので、この名で呼ばれるそうです。

　たとえば、西洋にはローマ時代から「ローマ数字」がありました。ただ、ローマ数字で、たとえば「88」と書くには、「LXXXVIII」と８つの文字が必要です（L＝50、X＝10、V＝5、I＝1）。一方、アラビア数字は０から９までの数をあらわす文字があり、１の位が何個、10の位が何個と表示します。漢数字の十や百、千、万、億のような文字も不要で、最少の文字数で十進法の数字を書くのにとても便利な方法です。

アラビア数字のおかげで、繰りあがりのある筆算ができるようになり、数学は大きく発展しました。

　日本では、江戸時代に「和算」と呼ばれる数学が庶民の間で大流行しました。そのレベルの高さは当時のヨーロッパで発達していた数学にもひけをとらないものでしたが、微分積分に当たる高度で複雑な計算を、漢数字とそろばんで行っていました。

| 1 | 2 | 3 | 4 | 5 | 6 | 7 | 8 | 9 | 10 |

アラビア数字

| 一 | 二 | 三 | 四 | 五 | 六 | 七 | 八 | 九 | 十 |

漢数字

| I | II | III | IV | V | VI | VII | VIII | IX | X |

ローマ数字

離れている数と つづいている数

　いっしょに暮らすメンバーや、小鳥が巣に産んだ卵、今日拾ってきたどんぐりの数。それは、1人、2人、1個、2個と数えられる数です。

　一方、そういう数え方をしない数もあります。

　たとえば、毛糸を70cm測るとすると、単位としては「1cm

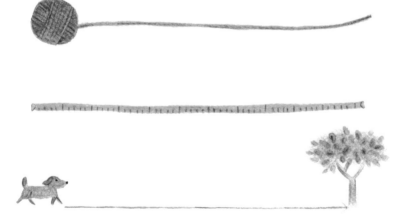

が70個」のように分けられますが、実際には70cm全体がつながっています。卵やどんぐりのように、1つ1つが離れているわけではなく、頭の中で考えるだけなら、それをもっともっと細かくして無限に小さく分けることもできるはずです。

　同じように、水や牛乳のようなものも、1個、2個ではなく、コップにはいった状態で、つながっています。このように、1個、2個と分けられる数を数学の世界では「離散数」と呼び、つながっている数を「連続数」と呼びます。同じ数でも、何かが本質的にちがうのです。

0 の発見

　0は「何もない」こと。それを「数」と呼べるでしょうか？「0も数の1つ」と最初に考えたのは古代インドの人々だったそうです。その考え方は、6世紀以降にアラビアを経由して西洋にも伝わりましたが、すぐには受けいれられなかった、といわれています。というのも、ギリシャの哲学や数学は、「無」や「無限」を考えにいれない状態で発達し、さらに、西洋のキリスト教では「無」と「無限」は「悪魔」に通じるというイメージもあったのです。

一方、インド哲学では、「無」「無限」は決して悪いものではなく、「さまざまな欲望や悩み、つまり〈煩悩〉に苦しむ肉体に閉じこめられた魂は、沈黙と無を受けいれることでその苦しみから解放される」と考えられていました。

　無であり無限の宇宙全体でもあるようなものを、インドで生まれた仏教では「空」と呼びます。インドからチベット、そして中国、日本で、「空」の考え方は仏教とともに広まり発展し、日本の文化にも大きな影響をあたえています。

　古代インドで多くの経典が書かれたパーリ語で「空」をあらわす「スーニャ」ということばは、インド数学では「0」をあらわします。東洋ではこの思想哲学がもとにあることで、数としての0を早い段階で受けいれられたと考えられます。

　0を数にふくめたことで、筆算など、アラビア数字の計算方法が発達し、数学は大きく進歩しました。

0 と 1

　0 と 1 の関係は、ふしぎです。となりにあるようで、正反対にも思えます。0 が「無」や「何もない」ことだとしたら、1 は「存在」や「何かがある」ことになります。

　コンピューターは 0 と 1 だけで数をあらわす「二進法」からできています。電気信号が流れるときを 1、流れないときを 0 として、その組み合わせで複雑な計算をする機械がコンピューターのはじまりでした。

　AI（Artificial Intelligence ＝人工知能）は、コンピューターのプログラムの 1 つ。課題をあたえられると、それまで蓄積した情報をもとに素早く計算したり、整理したりできるのが AI です。これがどんどん高度化し、人間の能力を超えるともいわれ、どんな問題にも答えるという AI アプリも出ています。

　ただ、「0 は数字と呼べるのか？」というような問いかけを、AI は創り出せるのでしょうか。何もない状態 0 を何かがある 1 に変えるには、人間の創造力が求められる気がします。

1   0   1   0

0   1   1   0

1   1   0   0

1   0   1   1

さまざまな数

　わたしたちが、ふだんよく使うのは、1から順番に1つずつ増えて並ぶふつうの数。「自然数」と呼ばれ、それに、0とマイナスの負の数をふくめると「整数」です。「負の数」は、無い方へと増えていく、頭の中で想像する数です。7世紀ごろにはインドやアラビアで認められ、12世紀ごろまでにヨーロッパにその考えが伝わったといわれています。分数や小数は数直線の上であらわすこともできる、無限につながる数です。整数と分数、小数をすべて合わせて「実数」と呼びます。

「実数」は、分数で書きあらわせる「有理数」と、分数では書きあらわせない「無理数」にわかれます。たとえば、「0.33333…」のように無限に3がつづく小数は、分数では「1/3」とあらわせるので、「有理数」。一方、円周率「π」のように、「3.14…」と永遠に不規則な小数点以下の数字が並ぶ数は、分数にはできないため「無理数」と呼ばれています。

「数」にもいろいろな種類があるのですね。

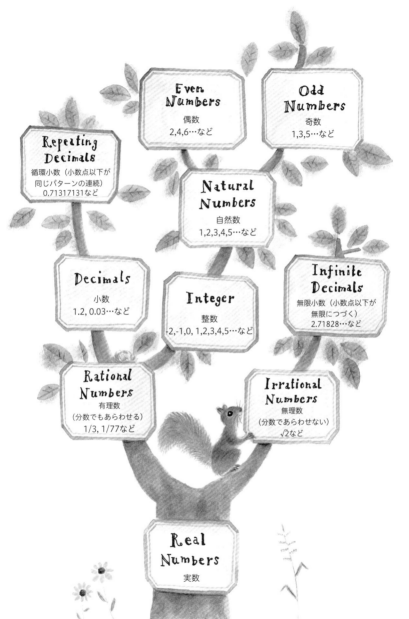

Even Numbers
偶数
2,4,6…など

Odd Numbers
奇数
1,3,5…など

Repeating Decimals
循環小数（小数点以下が
同じパターンの連続）
0.71317131など

Natural Numbers
自然数
1,2,3,4,5…など

Decimals
小数
1.2, 0.03…など

Integer
整数
-2,-1,0, 1,2,3,4,5…など

Infinite Decimals
無限小数（小数点以下が
無限につづく）
2.71828…など

Rational Numbers
有理数
（分数でもあらわせる）
1/3, 1/77など

Irrational Numbers
無理数
（分数であらわせない）
√2など

Real Numbers
実数

音楽と数

　音楽は、人がつくりだすもののなかでも、もっとも美しいものの１つだと思います。音楽にふれると、心がときめいたり、落ちついたり、元気になったり。心で感じるものだから、数学のように頭で考えるものとは関係なく見えますが、実は音楽は「時間のなかで表現される数」ともいわれます。

　音は、空気の振動です。それを耳の鼓膜がとらえて脳に電気信号として伝わり、わたしたちは、それを「音」として感じます。決まった時間内に何回空気が振動するかをあらわすのが「周波数」。さまざまな「周波数」の振動によって、さまざまな音が生まれ、それらが時間の流れの中で変化したり、共鳴しあったりすることで音楽がうまれます。

　自分の外側にある空気の振動が、わたしたちの心に伝わり、心に「震え─感動─」が生まれるのだとしたら、振動は、世界に響きわたるエネルギーの形なのかもしれません。

ピタゴラスの音階

　弦楽器では、弦の長さによって、出る音の周波数が変わり、音の高さが変わります。古代中国にあった周という国では、「三分損益法」という方法で、竹などの長さを変えて吹き、どういう音が出るかを調べ、音階がつくられていました。

　その100年後、古代ギリシャの数学者、哲学者ピタゴラス（前582〜前496）は、同じように弦の長さの比を使って「ドレミファソラシド」という、今、わたしたちが親しんでいる西洋音楽の「音階」をつくりだしたとされています。

　ピタゴラスは、弦楽器の弦の長さを「2：3」にしたときに出るそれぞれの2つの音を、「ソ」と「ド」にし、それを基本にして、美しく響きあう8つの音を決めました。これが「音階」です。そして、弦の長さを「2：3、4：5」など、きれいな整数の比であらわせる長さにして同時に鳴らすと、美しい和音に聞こえるということを発見しました。

弦の長さ

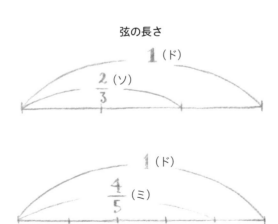

ピタゴラス・コンマ

　ピタゴラス（P24 参照）が決めた、ドから始まる 8 つの音階の音を高い方へ順番に、ドレミファソラシドと弾いたとき、最初のドから次のドまでを「1 オクターブ」と呼びます。「オクト」は、「オクトパス（8 本足の蛸）」と同じ語源で、8 という意味があります。今、西洋音楽ではドレミファソラシの間に 5 つの半音を加えた (ピアノの黒鍵にあたる)12 個の音が 1 オクターブの中にあるのが基本。

　弦楽器で、「ド」の音を出すと、その弦の長さの半分の位置をおさえて鳴らすと周波数が 2 倍の 1 オクターブ高い「ド」になります。けれど、きれいな和音になる比を使ってつくった 8 つの音を、「ドレミファソラシド」と順番に奏でると、最初のドと 1 オクターブ上の次のドとの周波数の比は、1：2 つまり 2 倍にはならず、なぜか微妙にずれて、「2.0272865…」倍という「無理数」になります。

　ピタゴラスの音階は、後にキリスト教文化圏の音楽の基本に

なりましたが、この音のずれは、経験の中で意識されるように
もなりました。今では、この誤差は、「ピタゴラス・コンマ」
と呼ばれ、西洋音楽の中のふしぎといわれています。

　また、さまざまな音階がいくつもうまれました。和音がきれ
いに聞こえる「純正調」はピタゴラスの音階が元とされ、「平
均律」はバッハのころ、鍵盤楽器のためにつくられたものだそ
うです。

　世界にはさまざまな音楽があり、耳によく響く音の周波数は
楽器や気温、演奏場所によってもかわり、きっちり決められる
ものではないようです。そのために音楽は杓子定規にならず、
ニュアンスと美しさがうまれるのかもしれませんね。

　ちなみに、西洋音楽のドレミファソラシドという音の呼び方
は、ピタゴラスよりずっとあとの時代にできたもので、ラテン
語だそうです。

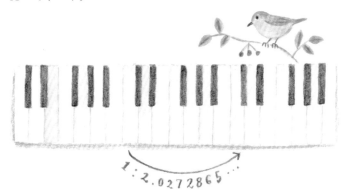

1 : 2.0272865……

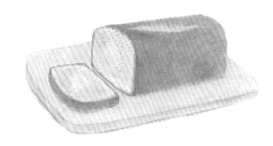

4分の1が4つのケーキ

　バターの風味がおいしく、コーヒーや紅茶に
よく合うパウンドケーキ。どうしてこの名で呼
ばれるかというと、「小麦粉・砂糖・バター・
卵をすべて1パウンド（約453.6g）ずつ混ぜ
て焼く」というシンプルなレシピだから。

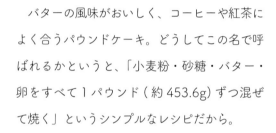

　パウンドケーキということばは英語で、フラ
ンス語では「quatre quarts」と呼びます。「カ
トル」は「4」、「カール」は「4分の1」の意
味で、つまり「4分の1が4つ」という意味で
す。パウンドケーキの4つの材料、小麦粉・
砂糖・バター・卵の割合がそれぞれ同じで合計
1になるので、4分の1が4つのケーキと呼ば

れます。

　フランス語は、数のとらえ方が日本語や英語とちがう部分があります。たとえば、80 はフランス語で「quatre-vingts」ですが、これは「4 × 20」の意味。また、91 であれば quatre-vingt-onze、「4 × 20 + 11」といういい方をします。

　さまざまな言語の、数のとらえ方のちがいを調べるのも、おもしろいかもしれませんね。

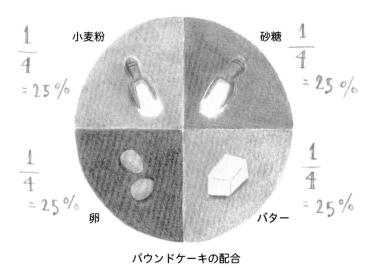

パウンドケーキの配合

確率は なぜ 生まれた？

「ガレット・デ・ロワ」は、フランスで新年に食べるケーキ。かざりに紙の王冠をのせ、中に「フェーヴ」と呼ばれる小さな陶器の人形が１つ入っています。みんなに切り分けて、その人形の入っているところに当たった人にはその年に幸運が訪れるといわれます。そして、その日は王様になり王冠をかぶるのです。

もしガレット・デ・ロワを８人で切りわけると、人形の入っている一切れに自分が当たる確率は８分の１になります。そのチャンスの大小を数にしてあらわしたのが「確率」という考え方です。

はじめてこの「確率」というアイディアをまとめたのは、ルネサンス時代のイタリアの数学者、カルダーノ（1501～1576）です。カルダーノは、数学・占星術・哲学・物理学など、さまざまな学問にくわしく、大学教授でありながら、同時に賭博師でもあったとか。彼が「確率」について研究したのは、ばくちで勝つためだったという型破りな人物です。

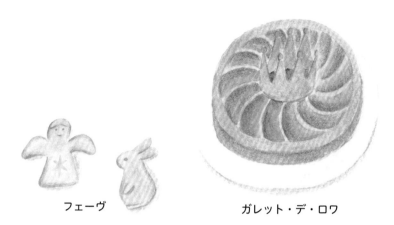

フェーヴ　　　　　　　　　　ガレット・デ・ロワ

フェーヴが
入っていれば、
王冠がもらえるよ！

方程式が生まれたところ

　アラビアの数学者アル・フワリズミ（780 ごろ〜 850 ごろ）は、天びんの考え方を使って、まだわからない数を調べる方法を考えましたが、これが、のちに「方程式」と呼ばれるようになりました。

「方程式」には「左辺」と「右辺」があり、両方が等しくつりあうという意味の＝でつながっています。わからない数や、そのときどきによって変わる数をあらわす「x」「y」などの文字がふくまれたり、文字だけでできていることもあります。

　文字や数で式をつくり、問題を解くことを「代数学」と呼びます。代数学が発達したのは、中世までのインドとアラビアでした。

　今、IT の分野で、ある問題を、毎回同じ手順で解けるようパターン化することを「アルゴリズム」と呼びますが、数学者アル・フワリズミの名が変化したことばといわれています。

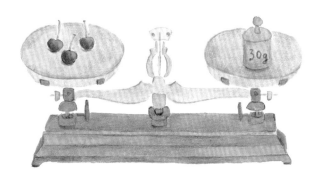

さくらんぼ1つの重さに対し、仮に文字をあてはめて x とします。

左側に3つのさくらんぼ、右側に30gのおもりをのせたらつりあうので、さくらんぼ3つの合計が30gになると考え、式で書くと下のようになります。

$3x = 30$

さくらんぼ3つ分が30gのおもりとつりあうので、1個のさくらんぼの重さは、30を3で割ると10gになります。

$x = 30 \div 3 = 10$

ただし、実際のさくらんぼは、それぞれ微妙に重さがちがうことでしょう。それをふまえると、上の10gは「平均」と呼ぶこともできます。

関数って なんだろう？

「関数」ということばは、むずかしそう。でも、関数は、「何かをいれると、何かが出てくる『装置』みたいなもの」と考えると、イメージしやすくなります。たとえばホームベーカリー（自動パン焼き機）に材料をいれると、パンが焼きあがりますね。英語では、「関数」は function といいますが、このことばには、「機能（ものの働き）」という意味があります。

　たとえば、「$y = 2x$」という関数があるとすると、x に 2 を掛けるという計算が「働き」です。そしてその働きの結果、出る数が「y」です。x に 1 をいれると y は 2 になり、2 をいれると y は 4、3 をいれると y は 6。いれる材料によって焼きあがるパンがちがうように、いれる数によって出てくる数が変わります。

いれるものを変えると出てくるものが変わる、その関係の変化をグラフにすると、関数の持つ「動き」（変化のしかた）が目に見えてきます。

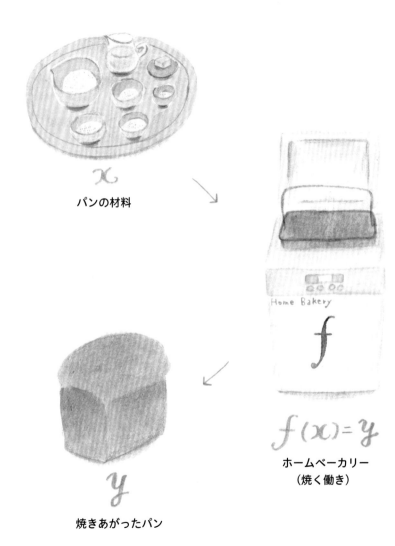

x

パンの材料

Home Bakery

f

$f(x) = y$

ホームベーカリー
（焼く働き）

y

焼きあがったパン

素数の不思議

　わたしは子どものころ、なぜか「3、7、11、17」などの数が好きで、番号のついたげた箱などがあると、好きな数をさがしていれたものです。「割りきれない数」が好きだと思っていましたが、好きだったのは「素数」と呼ばれる数だと、大きくなって気づきました。

　「素数」は、1とその数以外で割れない（約数をもたない）数。「素数」以外のすべての自然数は、「素数」を掛け合わせてつくれます（1は「素数」にふくまれません）。つまり「素数」は、整数の世界を形作る基本のパーツなのです。「素数」の意味も知らない一人の子どもが、無意識に「素数」を好ましいと感じていたとしたら、世界の複雑な成りたちの中で、「素数」の性質がプラスに作用するのかもしれないですね。

　終わりなくつづく整数の中に、「素数」は、2、3、5、7、11、13、17、19…と不規則に出てきて、数が大きくなるほどまばらに登場します。

コンピューターで何十けたもの大きな「素数」を見つけることはできますが、「素数」の登場のしかたに法則があるかどうかは、今も謎。数学者の心をずっとかき乱している問題です。大きな「素数」どうしを掛け合わせた数は、コンピューターでもかんたんには弾きだせないため、インターネット上の情報を守る暗号としても使われています。

「素数」をさがそう！ 「素数」のマス目を順番に通ると、ねずみが天敵に会わずに、大好きな草の実を食べに行くことができます。

虚数の不思議

　虚数は、2回掛ける、つまり2乗すると−1になる数。数学の授業の2次方程式を解く公式の中に登場します。でも、−と−を掛けたら＋だし、答えが−になるには、＋と−を掛けると習ったので、同じ数を2回掛けて答えが−になる数はないはずでは？　ないから「虚数」というのですが、やっぱり意味がわからないですね！「ないのにある」なんて、まるで般若心経の「空即是色」のようです。

　虚数をあらわす記号 i は、imaginary number の頭文字で、「想像上の数」という意味。なくてもあることにすれば計算がかんたんになるという理由で「虚数」の考え方を最初に発表したのは、イタリアの数学者カルダーノ（P30参照）でした。けれどもその後、虚数の考えが数学の世界で受けいれられるには、100年以上かかりました。

　2乗すると1になるのが現実の世界だとするなら、2乗して−1になる実際にはない数は、1の影のようなものでしょうか。

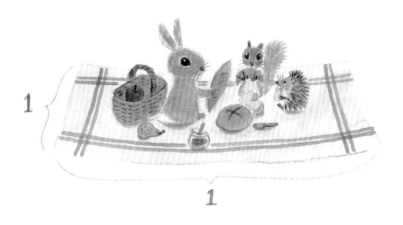

1

1

複素数の世界

　わたしたちがふだん使うふつうの数は「実数（P20参照）」と呼ばれます。そして「複素数」は、「ないけれどあることにする」「虚数 i」を何かと掛けた数と実数との足し算「ai + b」という式であらわします。「虚数 i」を0と掛けると、その項は0になり、あとから足す「実数」だけになります。つまり「実数」は「複素数」にふくまれ、すべての数は、「複素数」とも呼べるのです。

「複素数」は、具体的になかなかイメージできません。それを

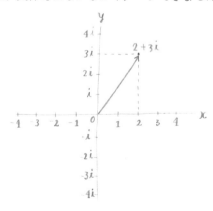

複素平面

少しでもわかりやすくするために、ドイツの数学者ガウス（1777～1855）は、「複素数」の中の「実数」の部分を横軸に、「複素数」の部分を0で交差する縦軸にとる「複素平面」というものを考えだしました。

「実数」の世界にあるものを「複素平面」で見ると、ちがって見えることがあります。たとえば、ある関数のグラフは、「実数」の世界では右肩上がりにカーブしますが、「複素平面」では、円を描きます。

『虚数の情緒』の著者で、工学博士の吉田武先生は、「実数の世界がすべて理詰めでことばで表現する西洋的な考え方の世界なら、複素数の世界は『理性では語り尽くせないものをありのままに受け入れる』東洋的な考え方の世界だ」と書いています。

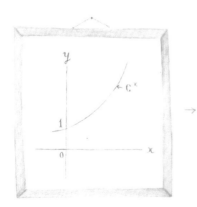

ある関数を実数だけの座標で見たとき

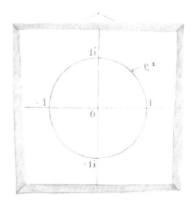

同じ関数を複素平面で見たとき

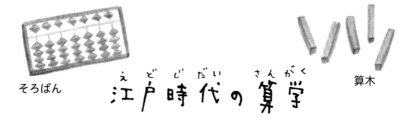

そろばん　　　　　　江戸時代の算学　　　　　算木

　日本では、数学は、古くから使われていましたが、江戸時代に吉田光由（1598〜1672）が、一般向けの数学本『塵劫記』を出版すると「九九」が広まり、楽しんで学ぶ人が増えました。漢数字とそろばん、そして中国から伝わった「算木」という道具を使うこの数学は「算術・算学」と呼ばれ、日本国内で独特の発達をし、都会だけでなく、地方の農村にも、塾ができたそうです。

　『塵劫記』の後も、続々と出版された算学書には、動物や暮らしの場面が登場する楽しい問題が、たくさんありました。また、巻末に答えをのせない難問を紹介するのが伝統になり、「遺題継承」と呼びました。それが解けると、「算額」として板に書き、神社などに奉納し、飾られました。受験のためではなく、一般庶民が楽しんで学んだことが、江戸時代の算学の大きな特徴です。そして、当時の西洋の数学者に劣らない関孝和（1640ごろ〜1708）などの数学者が、多数出ました。

【鶴亀算】

鶴と亀を合わせると45、足は合計で120本あります。鶴と亀はそれぞれ、何羽、何匹でしょう。

答え：鶴30羽　亀15匹

解き方：

もし全部が鶴だったとすると、足の数は2本×45羽＝90本になります。亀は4本足で鶴より2本多く、足は全部で120本なので、120−90＝30 が、鶴と亀の足の数の差です。1匹あたりの足の数の差は2本ですから、30÷2＝15 で、これが亀の数です。鶴と亀を合わせた数が45なので 45−15＝30 が鶴の数になります。これは江戸時代までの算学の解き方で、西洋数学では連立方程式を立てて解きます。アラビアでうまれた方程式が日本に伝わったのは明治のはじめ。方程式がなくても江戸時代に高度な数学が発達しただけのことはあり、算学由来の鶴亀算や植木算なども考え方としてはとても洗練されていると感じます。

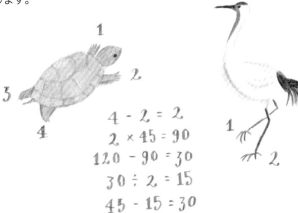

三角数を使って数えよう

　箱いっぱいの丸い貝ボタンを、3人で分けることになりましたが、全部で何個か、数えるのがたいへん。

　こんなとき、紙などでつくった正三角形のトレイに貝ボタンを入れ、きちんと並べると、かんたんに数えられます。これは「三角数」という数列の応用で、最初は1、次の列は2、それから3というふうに増えていく数字を足していくと、合計の数がわかります。

　「三角数」は、1列めから順に、次のようにふえます。

　1、3、6、10、15、21、28、36、45、55、66……つまり、ボタンをトレイに並べて、何列目まであるか調べ、そこまでの数を出し、そこに最後の列の余り分を足せば、合計で何個あるか、わかるのです。

　正三角形のトレイなら、円形のものは直径がいくつであっても同じ方法で数えられるので、実際に薬局で錠剤を数えるために、この方法を応用してつくられた道具が、市販されています。

$$三角数 = \frac{n(n+1)}{2}$$

＊ n列め

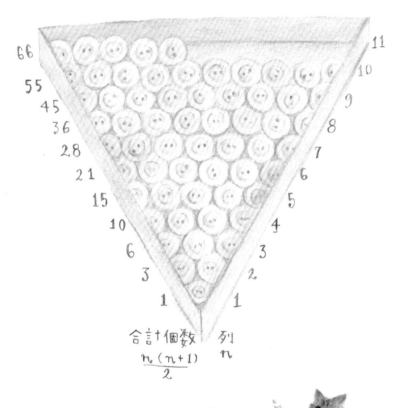

合計個数
$$\frac{n(n+1)}{2}$$

列
n

$$55 + 5 = 60$$

10列めの三角数＋余り5個で60個

$$60 \div 3 = 20$$

60個を、3人で分けると、20個ずつになる。

なぜ1年すぎるのが
どんどん速くなるの？

　子どものころの1年と、おとなになってからの1年は、す
ぎていく速さがちがう気がしますね。それも当たり前かな、と
いう気もしてきます。5歳のときの1年は、人生の5分の1、
でも30歳なら30分の1、90歳になったら90分の1です。
生きてきた時間に対しての、1年の比率が、ぜんぜんちがうの
です。

　これは、実は、数学の中で説明されています。たとえば、
100gと120gのものを持ってみると、どちらが重いかすぐわ

5歳

1年

← 生きてきた時間 →

かりますが、200gと220gになるとわかりにくくなります。同じ20gのちがいでも、もとになる量が増えて、ちがっている割合が、小さくなったからです。

　ある量が、だんだん小さくなったり大きくなったりするとき、もとの量が増えれば増えるほど、その差は感じにくくなることを、ドイツの解剖学者ウェーバー（1795 ～ 1878）などが、数学的に説明しました。「ウェーバーの法則（ウェーバー・フェヒナーの法則）」と呼ばれるその法則では、差の感じ方が「対数的」（P90参照）に増減します。つまり、1年の感じ方でいえば、生きてきた年数が長ければ長いほど、1年が短く感じられるのです。

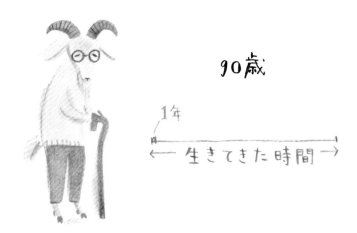

90歳

1年

← 生きてきた時間 →

ユークリッドの原論

　紀元前300年ごろにギリシャの学者ユークリッド（生没年不詳）が書いた『原論』という本は、世界中で、聖書に次ぐベストセラーといわれます。

　当時のギリシャでは、数学は数で式を書くのではなく、なんでも図形におきかえて考える「幾何学」でした。この本で、ユークリッドは、幾何学で基本になる点や線、面などについての考え方を、「定義」して整理しました。

　とくに有名な5つの「公準」があります：

1）ある1点から別の1点に向かって直線が引ける。

2）その直線は、どちらの方向にも延長できる。

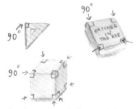

3）1点が決まれば、好きな半径で円が描ける。

4）すべての直角は、互いに等しい。

■ご愛読いただきありがとうございます。■
小社のホームページをぜひ、ご覧ください。新刊案内や、
話題書のことなど、楽しい情報が満載です。
本のご購入もできます➡ http://www.asunaroshobo.co.jp
(上記アドレスを入力しなくても「あすなろ書房」で検索すれば、すぐに表示されます。)

■今後の本づくりのためのアンケートにご協力をお願いします。
お客様の個人情報は、今後の本づくりの参考にさせて頂く以外には使用い
たしません。下記にご記入の上(裏面もございます)切手を貼らずにご投函
ください。

フリガナ		男	年齢
お名前		・ 女	歳
ご住所　〒			お子様・お孫様の年 歳
e-mail アドレス			

●ご職業　1主婦　2会社員　3公務員・団体職員　4教師　5幼稚園教員・保育士
　　　　　6小学生　7中学生　8学生　9医師　10無職　11その他(　　　　)

※引き続き、裏面もご記入ください。

● この本の書名（　　　　　　　　　　　　　　　　　　　　　　　　　　　　）
● この本を何でお知りになりましたか？
　1　書店で見て　2　新聞広告（　　　　　　　　　　　　　　　　　　新聞）
　3　雑誌広告（誌名　　　　　　　　　　　　　　　　　　　　　　　　）
　4　新聞・雑誌での紹介（紙・誌名　　　　　　　　　　　　　　　　　）
　5　知人の紹介　6　小社ホームページ　7　小社以外のホームページ
　8　図書館で見て　9　本に入っていたカタログ　10　プレゼントされて
　11　その他（　　　　　　　　　　　　　　　　　　　　　　　　　　　）
● 本書のご購入を決めた理由は何でしたか（複数回答可）
　1　書名にひかれた　2　表紙デザインにひかれた　3　オビの言葉にひかれた
　4　ポップ（書店店頭設置のカード）の言葉にひかれた
　5　まえがき・あとがきを読んで
　6　広告を見て（広告の種類〈誌名など〉
　7　書評を読んで　8　知人のすすめ
　9　その他（　　　　　　　　　　　　　　　　　　　　　　　　　　　）
● 子どもの本でこういう本がほしいというものはありますか？
　（　　　　　　　　　　　　　　　　　　　　　　　　　　　　　　　）
● 子どもの本をどの位のペースで購入されますか？
　1　一年間に10冊以上　　2　一年間に5〜9冊
　3　一年間に1〜4冊　　　4　その他（　　　　　　　）
● この本のご意見・ご感想をお聞かせください。

※ご協力ありがとうございました。ご感想を小社のPRに使用させていただいてもよろ
しいでしょうか　　　（1　YES　　2　NO　　3　匿名ならYES）
※小社の新刊案内などのお知らせをE-mailで送信させていただいても
よろしいでしょうか　　（1　YES　　2　NO）

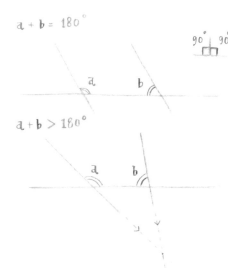

$a + b = 180°$

$\underset{}{90°\,|\,90°} = 180°$

$a + b > 180°$

5）1本の直線が2本の直線と交わるとき、同じ側の内角の和が2直角より小さい場合、その2本の直線を延長すると、角の和が2直角より小さい側で交わる。つまり内角の和が2直角（180°）なら2直線は平行。

　このようなことをはっきり説明した本はそれまでになく、これをもとに考えを積みあげて証明ができるようになり、科学の基本になりました。

　ただし、ユークリッドの幾何学は、科学の進歩とともに、三次元の立体やゆがんだ空間では必ずしも成り立たないことがわかってきました。

　たとえば、三角形の内角の和は180°ですが、地球の表面に大きな三角形を描くと、内角の和は球面のふくらみの分だけ少しふえて、180度より大きくなります。

平らな画面に奥行きを

　たとえば、線路は遠くで交わって見えます。このようなこと
を分析して、ルネサンス時代のイタリアの 画家レオナルド・ダ・
ヴィンチ（1452 ～ 1519）が、幾何学的な絵のテクニック、「透
視図法」をあみだしました。絵に「消失点」という点を仮に決
めて、花だんの輪かくや塀など、目が見ている方向にのびる平
行線が、その点にあつまるようにし、3 次元の世界を2 次元
の平面に描き写す方法です。

　この方法を使い、遠くまではるかに見わたすような奥行きの
ある絵を、絵画や舞台の背景など平らな画面に描くことができ
るようになりました。また、このことから、人間の目は3 次元
のものを実は2 次元の平面にうつしていることがわかります。

水晶体

網膜

消失点のしくみ
ものが見えるのは、ものに当たって反
射した光を、眼球の中にある凸レンズ
（水晶体）であつめて網膜にうつし、そ
れを脳に電気信号として送り「映像」
に変換されるからです。遠くにあるも
のほど、網膜にうつる像は小さくなり
ます。その像が限りなく小さくなり、
ついには0になる所が、「消失点」です。

消失点

円周率

　車輪やお盆など、まわりを見まわすと、暮らしのいたるところにバランスがよく無駄のない円形のものがあります。円を数学のことばで「定義」すると、「中心点から平面の上で同じ距離の点のあつまり」。そして、中心点を通った円の幅、つまり直径と、円周の長さの比が「円周率」です。 この数は、3.1415…と小数点以下が無限に規則性なく並ぶ「無理数」と呼ばれる小数です。数字ではちゃんと書きあらわすことはできないので、ギリシャ文字のπがあてられています。

　正確にその数値を出すのはとてもむずかしく、大むかしからたくさんの人が、できるだけ正しく計算しようとしてきました。今では、円周率の値を正しく何桁まで出せるかということがスーパーコンピューターの性能の証明になり、小数点以下2兆8000億桁を超える数値が計算されています。

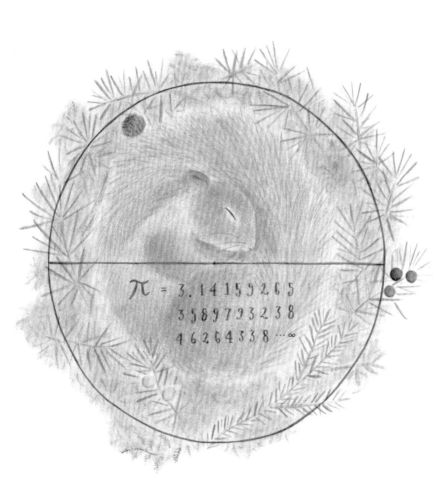

$$\pi = 3.14159265$$
$$3589793238$$
$$4626433 8 \cdots \infty$$

円周率πをさがしもとめて

　古代ギリシャの数学者アルキメデスは、六角形を円の内側と外側に2つ考え、2つの六角形の外周の長さの間の値をさがす方法で、円周率を計算しました。円周率を表すのに、ギリシャ文字πを使うのは、スイスの数学者オイラー（1707〜1783）が始めたと、いわれています。

　江戸時代のもっともすぐれた数学者、関孝和（P42参照）は、円を「2の17乗角形」として、その外周の長さを求めることで円周率を計算しました。その弟子、建部賢弘（1664〜1739）は、1720年ごろ、それをさらに進め、円周率の公式を発見しました。それは、1737年にオイラーが発見したのと同じ公式でした。建部はオイラーより15年以上早く円周率の公式をみつけたことになりますが、日本は鎖国していたため、その事実が海外に伝わることはありませんでした。

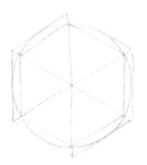

アルキメデスが計算につかった図形

建部賢弘が計算につかった図形

𝜋 の 不思議

　円周率πは、なんの関係もなさそうな場面に突然登場することがあり、不思議な数といわれています。

　たとえば、針を用意し、その針の長さよりも広い幅で互いに平行になっている線を、何本もひきます。そして、そこに針を落としたときに、線と交わる位置に針が落ちる確率が、なぜかπ分の1に限りなく近づきます。この現象はフランスの博物

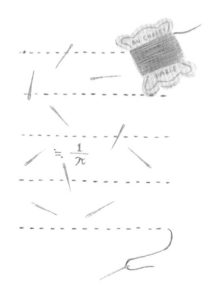

$$≒ \frac{1}{\pi}$$

学者ビュフォン（1707 ～ 1788）が発見したため、「ビュフォンの針」と呼ばれます。

　また、平野を蛇行する川の長さを、川の起点から海や湖に流れこむ終点までの直線距離で割ると、その数値は円周率πに近づきます。

　ときに、川は大きくカーブして、直線距離のπ倍よりもかなり長くなることもあります。そんな時、川はバイパスをつくり、またπ倍の長さに戻ろうとする力がはたらきます。

057

三平方の定理

　この定理は、「直角三角形の斜辺の2乗は、ほかの2つの辺のそれぞれ2乗を足したものに等しい」というもの。

「2乗」というのは2回掛けることなので、斜辺でできた正方形の面積は、ほかの2辺でできた正方形の面積の合計に等しくなる…ということです。

　たしかに、直角三角形の3つの辺が、こんなピタッとした関係におさまるなんて、最初に発見したら、とても感動することでしょう。

　この証明は、古代ギリシャの数学者ピタゴラス（P24参照）がはじめて発見したという伝説があり、「ピタゴラスの定理」とも呼ばれます。この定理の証明は、パズルのように楽しんでさがす人が多く、200種類以上みつかっているそうです。

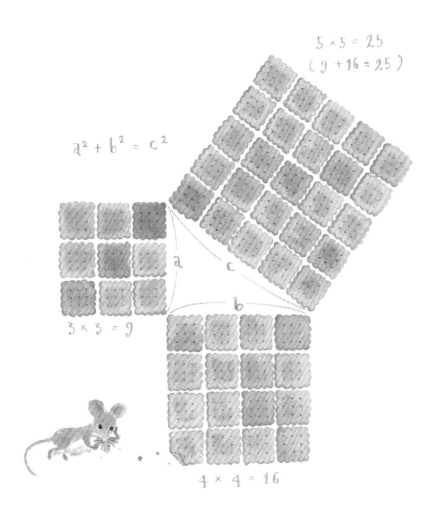

$5 \times 5 = 25$
$(9 + 16 = 25)$

$a^2 + b^2 = c^2$

$3 \times 3 = 9$

$4 \times 4 = 16$

三平方の定理
証明の例

　三平方の定理のもっともよく知られている証明の１つです。
ほかにもあるので、見つけてみてください。

　1) 直角三角形の斜辺 c でで
きる正方形（黄色）のまわりに、
元の三角形 abc を４つ並べて、
大きな正方形をつくります。

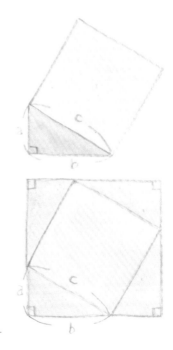

2) その正方形の中で三角形を並べかえて一カ所にかためる
と、斜辺 c でできる黄色い正方形の面積は、三角形の a 辺で
できる正方形と b 辺でできる正方形に置き換えることができ
ます。

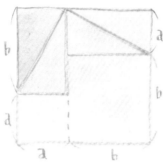

3) つまり、黄色い部分の面積は、最初と同じであることが
わかります。($a^2 + b^2 = c^2$)

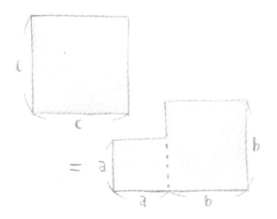

正方形の斜辺の長さは

　数学者ピタゴラス（P24参照）は、ギリシャの離れ島に弟子と住んで、教団のようなものをつくっていた…といわれています。ピタゴラスの教団では、「整数」とその関係を最高で唯一のものと考えていました。

　けれども、一辺が1の正方形の斜辺は、「三平方の定理」を使って計算すると、2乗すると2になる数、つまり2の平方根 $\sqrt{2}$ になり、永遠に割りきれない 1.41421356… という小数になってしまいます。このように、永遠に割りきれない小数を、「無理数」と呼びます。

　一説では、このことを発見したピタゴラス学派は、「無理数」を認めず、秘密にしました。ところが、弟子の一人がこの秘密をもらしたため、殺されたという話も伝わっています。新しい発見が正しくても、それまで信じられていたことに反すると、集団として認めるのがむずかしいというのは、今の社会でもあることかもしれませんね。

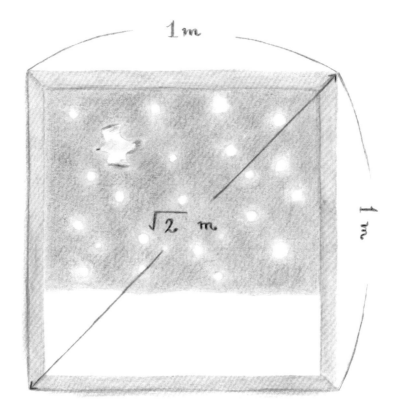

1 m

1 m

$\sqrt{2}$ m

フェルマーの最終定理

「三平方の定理」は、下の絵のように直方体の中にできる三角形にも成り立ちます。

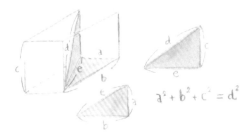

$$a^2 + b^2 + c^2 = d^2$$

けれども、$a^2 + b^2 = c^2$ は成りたつけれど、a、b、c にかける係数が 3 以上（の自然数）では、この式は成りたちません。

17 世紀フランスの数学者フェルマー（1601 〜 1665）は、裁判所で働きながら、趣味で数学の研究をして、自分の発見を友人の数学者に手紙で書き送るなどしていました。フェルマーが亡くなったあと、本のはしに落書きのように残されたメモに「$a^2 + b^2 = c^2$ は成りたつけれど、a、b、c にかける指数が 3 以上（の自然数）では、この式は成りたたないということを、

驚くべき方法で自分は証明した。が、スペースが足りないのでここには書ききれない」と書かれていたのを、遺族が発見したのです。

　フェルマーがどんな証明をしていたのかは、謎のままで、300年近く、だれも証明できませんでした。それを、20世紀の終わりにイギリスの数学者、アンドリュー・ワイルズ（1953〜）がついに成しとげました。100ページ以上にも渡るその証明の中には、20世紀の日本の数学者が打ち立てた「谷山・志村予想」という予想が使われています。その予想はフェルマーの時代にはなかったので、その証明は、フェルマーの考えたものと同じではない、ともいわれています。

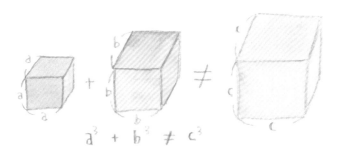

$$a^3 + b^3 \neq c^3$$

数学と哲学

　デカルト（1596 〜 1650）は、「我思う、ゆえに我あり」と
いうことばで有名な、フランスの哲学者です。同時にデカルト
は、数学者でもありました。

　平面の上に数をあらわす「座標」というアイディアをはじめ
て思いついたのは、このデカルトです。ここから、数学でよく
使うグラフがうまれました。座標は、英語で「Cartesian
Coordinates」と呼びます。「Cartesian」は「Descartes」の
ラテン語名の、「Cartesius」が語源です。

　数学といえば、「計算」のイメージがあり、哲学のように「こ
の世界は、どういうものなのか」というようなテーマを考える
こととは、かけはなれている気がします。でも、数学は、そん
な問いかけの答えを、数や図形などを使ってみつけようとしま
す。実は、数学と哲学は、似ているともいえそうですね。

Cartesian Coordinates

子猫のクロちゃんの毎日の体重

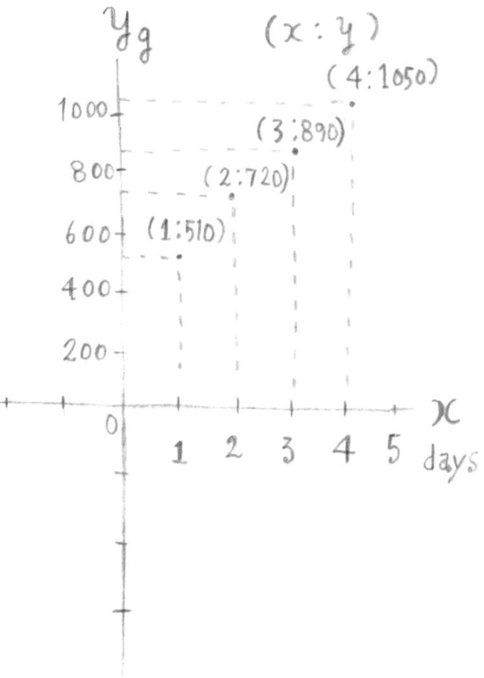

$(x:y)$

$(4:1050)$
$(3:890)$
$(2:720)$
$(1:510)$

1000
800
600
400
200

$y\,g$

x

0 1 2 3 4 5 days

フィボナッチ数列

　12 世紀ごろのイタリアで、数学者フィボナッチ（1170 ごろ 〜 1250 ごろ）は、こんな問題を出しました。

「2 匹のうさぎの赤ちゃんが、1 ヶ月後、つがい（夫婦）になって、2 匹の赤ちゃんを産みます。さらに 1 ヶ月後、その赤ちゃんうさぎがつがいになり、また 2 匹の赤ちゃんを産みます。もとのつがいも毎月 2 匹ずつ、1 ヶ月ごとに産みます。1 年後、うさぎのつがいは、何組になりますか？」

　答えは、233 組。毎月のうさぎのつがいの数の増え方は、「1、1、2、3、5、8、13、21、34、55、89、144、233」。この数列の 13 番目の数が、答えです。

　このように、前の 2 つの数の合計が、次の数になって増える数列を「フィボナッチ数列」と呼びます。「成長」とつながりが深く、自然界をよく見ると、松ぼっくりの鱗片やひまわりの種の並び方など、この数列があちこちに見つかります。

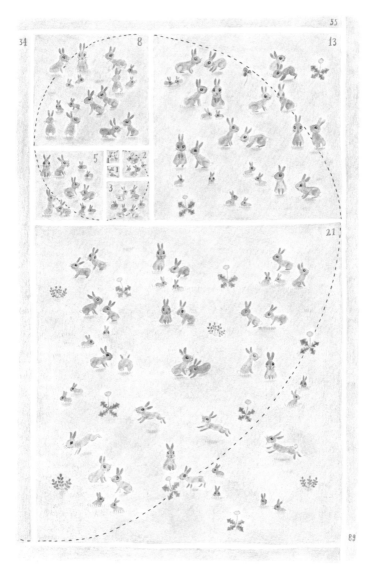

一辺がフィボナッチ数の正方形を、上の絵のようにならべ、正方形の向かい合う頂点をむすぶ円弧を描いていくと、らせん形ができます。これを「フィボナッチらせん」と呼びます。

さしがねの目盛り

　大工さんが使う、直角に曲がった金属製のものさし「さしがね」を見たことがありますか？　表はふつうの目盛りですが、裏に実際の1cmより少し長い1cmごとの目盛があり、「(直径)を計れば(角材の1辺)がわかる」という説明が彫りこまれていることもあります。その目盛りの1cmは、実は1cmの$\sqrt{2}$ (1.41…) 倍の長さです。

　$\sqrt{2}$ は、三平方の定理から求められる、正方形の一辺に対する対角線の比率です。さしがねの裏側の1.41…倍の目盛りで丸太の直径を計ってみると、切りだせる角材の一辺のサイズが、すぐにわかります。

　丸太から角材を切りだす時、断面が正方形になるようにすると、一番むだが出ません。日本のさしがねは、それがかんたんにわかるようにつくられています。職人のすぐれた智恵ですね。

さしがね

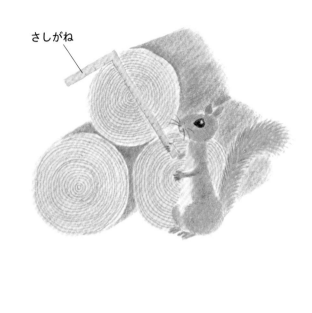

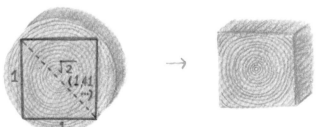

黄金比

「黄金比」は、1：約1.618…（$\frac{1+\sqrt{5}}{2}$）。五角形の一辺と対角線は黄金比になります。見て美しさを感じる比率といわれ、古くからさまざまな建築物や絵画などの中に見つかります。ハンガリーの作曲家のバルトーク（1881〜1945）は、「自然界の黄金比の美が音楽の中にもある」と考え、曲全体の長さに対し、曲のはじめから黄金比になる時間のところを曲のクライマックスにした曲もつくりました。また、日本の弓道で使う弓は2m以上の長さがあり、弦の長さの半分より少し下で矢をつがえま

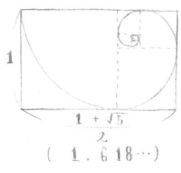

黄金比長方形

す。その位置は、おおむね黄金比に近い所に位置します。物理的な力が作用する弓矢に自然に黄金比が現れるのは、おもしろい事実ですね。

　縦横比が黄金比になる黄金長方形の中で小さな黄金長方形を区切っていくと、正方形が無限につくれます。その正方形の対角線を円弧で結び、つなげたのが黄金らせん。フィボナッチ数列のとなり合う数どうしの比は、数が大きくなるほど、「黄金比1：約1.618…」に近づきます。このため「フィボナッチらせん」（P69参照）は「黄金らせん」とほぼ同じ形。ただし、黄金らせんは始まりも終わりもない無限のらせんですが、フィボナッチらせんは1という始まりのあるらせんです。

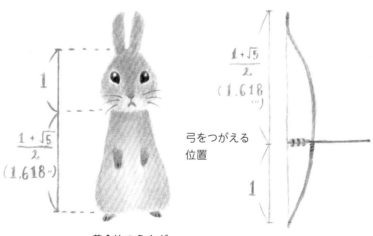

黄金比のうさぎ

白銀比

「√2」は、辺が1のときの正方形の斜辺の長さをあらわす無理数で約1.41421356…です（P62参照）。「白銀比」という、この正方形の斜辺の比率を使う比率は、黄金比と同じく、よく知られています。

「白銀比」は、2種類あります。正方形の一辺と対角線の比率「1：√2」と、「1：1＋√2」という比で、西洋では「silver ratio（白銀比）」というと、多くは後者ですが、日本では1を足さずに「1：√2」を使います。このため、「1：√2の白銀比」は「japanese ratio（大和比）」とも呼ばれます。

日本の建物の室内は、正方形が基本になっています。たとえば、ふすまの「一間」とは、正方形を2つに分けて、両開きにした状態。また、たたみも2枚で正方形になるようにつくられています。「大和比」がよく使われるのも、正方形を基本にする文化と関係が深いからでしょうか。

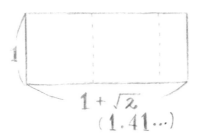

$1 + \sqrt{2}$
$(1.41 \cdots)$

西洋の白銀長方形

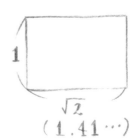

$\sqrt{2}$
$(1.41 \cdots)$

日本の白銀長方形
ドイツで考案された
A版の紙はこの比率。

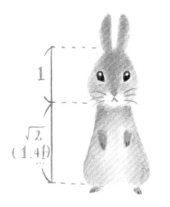

白銀比（大和比）のうさぎ

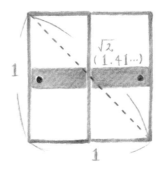

表と裏で ひとふで描き

　四角形の中にXのあるこの図形。平面、つまり2次元では、ひとふで描きはできません。でも、表と裏の2つの面を行き来できる3次元では、この形を表裏に、ひとふで描きできます。

　この方法は、日本の神社やお寺などによくある幕の上についている輪を縫いとめるのに使われています。図のように、順番に針を刺していくと、同時に表側と裏側に同じ形の縫い目ができて、輪を縫いつけることができます。ひとふで描きなので、最小限の手間で、糸もむだなく、美しく縫いつけることができるのです。

　すべてが手作業で、縫い糸も貴重品だった時代の深い智恵が生んだデザインですね。

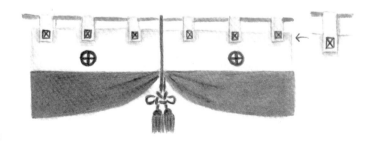

玉結びした糸をつけた針を布の間に刺して、表の1の位置に出す。

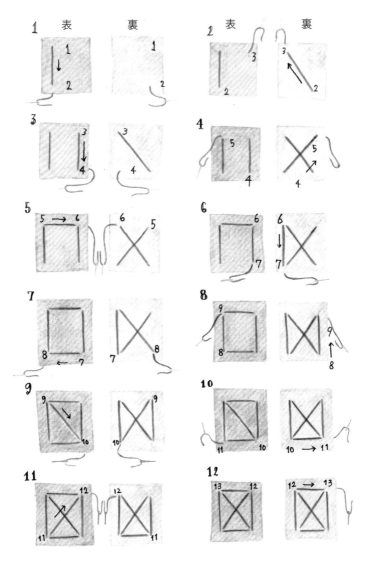

13の針を刺した後、糸は表に出さず、布の間で玉留めして完成。

風変わりな幾何学・トポロジー

　フランスの数学者のポアンカレ（1854 〜 1912）は、三角形を描いたつもりでも円に見えるくらい、絵が苦手だったといわれています。けれども、それが、逆に「トポロジー」という風変わりな幾何学を生みだしました。

「トポロジー」では、「円・三角形・四角形そのほかの多角形は、閉じた線で囲まれている面という性質が同じなので、すべて同じ形」と考えます。立体は、穴の数が同じなら同じ。たとえば、穴のないサイコロとボールは同じ形だし、ドーナツとマグカップは、穴が１つなので同じ形です。また、いわゆる紙テープをねじってつくる「メビウスの輪」は、表裏がないので、ドーナツ型と同じ。表と裏のあるふつうの輪は、ドーナツとはちがうものと考えます。細かいことは気にせず、見た目がちがっても、性質が同じであれば「本質として同じ形」という考え方です。

　このような物事の捉え方を知ると、今までに思っていたことが、実は、そうではないという新鮮な気持ちになれますね。

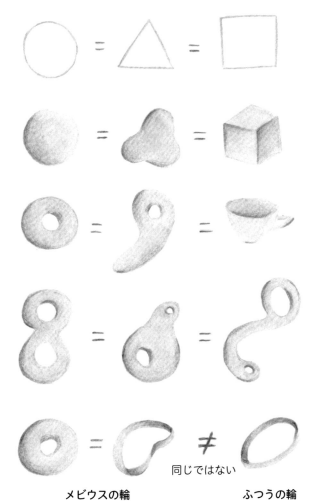

同じではない

メビウスの輪　　　　　　　　　ふつうの輪

形のくりかえし・フラクタル

　上のバラに見える絵は、円の中に正三角形が接し、その中に円が接し、また正三角形が接することのくりかえしでできています。このように、部分部分の形をくりかえして大きな形をつくるとき、その形のことを「フラクタル」と呼びます。

　たとえば、草木が育つとき、大きな幹から小さな枝に、同じパターンのくりかえしで枝分かれをします。また、上空から見て入りくんだ海岸線にさらに近づくと、その一部分は、また同じように入りくんでいるのです。野菜の一種「ロマネスコ」というカリフラワーの仲間は、特にそれがはっきりと形に見えていることで知られています。

　それまで経験としては知られていた、自然の中に「部分のくりかえし」がよくあることを数学的に調べ、「フラクタル」と

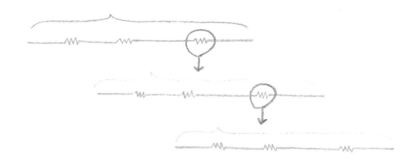

　名づけたのは、ポーランド出身の数学者マンデルブロ（1924
〜2010）です。彼はアメリカに渡り、コンピューターの会社
であるIBMの技術者として働いていた1960年代、通信中に
起きる電波の乱れを調べていました。そのとき、電波は、1時
間・1分・1秒と、時間の単位を小さく区切っても、まったく
同じ形で乱れていることを発見したのです。それが、「フラク
タル」を発見するきっかけとなりました。

　わたしたちの世界は一見複雑に見えます。けれど、本当は、
同じ形や構造がいろいろなスケールでくりかえされる、意外に
もシンプルな法則でできているのかもしれませんね。

ポアンカレ予想とペレルマン博士

　数学者ポアンカレ（P78 参照）は、「宇宙の形は、少なくともドーナツのように穴があいているのではなく、パン生地のかたまりのようにひとまとまりのはずだ」と考えました。これは「ポアンカレ予想」と呼ばれ、証明するのはとてもむずかしく、ポアンカレ自身もふくめ、100 年以上、だれも証明できませんでした。

　それが、2006 年ロシアの数学者ペレルマン博士によって、証明が発表されました。

　ペレルマンは、これにより数学のノーベル賞ともいわれるフィールズ賞を授けられることになりましたが、それを断り、なぜか人前から姿を消し、今は、自然に囲まれた場所で、家族とひっそり暮らしているそうです。その理由は謎のまま。

　たとえば、急に数学者として有名になると、講演やテレビ出演などを求められたり、現世的な関わりが増えることを望まなかったのかもしれません。輝かしい賞と賞金を授かることで、

人間関係のごたごたに巻きこまれるのを避けたかったのかもしれません。

　それとも、この予想を証明するなかで、宇宙の深い真理にふれ、何か悟ったとしても、肉体や自我をもった生命体として、何になるのだろう…という虚無感におそわれたのでしょうか？それとも、その真理の中にずっといたいと思ったのでしょうか？　わたしたちには、想像することしかできませんが、いろいろなことを考えてしまいますね。

測れない長さを測る

　「三角比」は、直角三角形の斜辺と底辺との間の角度が変わる
と、3辺のうち2辺の長さが伸び縮みしても、いつも決まった
比率になることを示したアイディアです。

　その角度と、どこか一辺の長さがわかれば、それ以外の辺の
長さは測らなくても計算でき、逆に2辺の長さがわかれば、
角度がわかります。

　大むかしから、切りたおす大木の高さなど、
直接ものさしを当てて測れないような距離を
測る方法として、インドやエジプトなどで
「三角比」が研究されてきました。
その角度の変化ごとにその
比率を計算して表に
したものが、
つくられて
いました。

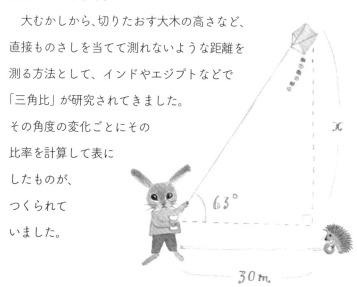

（今は電卓やコンピューターで調べられます。）

　また、角度ごとに変化する三角比の値の変化を関数としてあらわしたものは、「三角関数」と呼ばれます。これを使えば、宇宙に見える星までの距離なども計算できるのです。

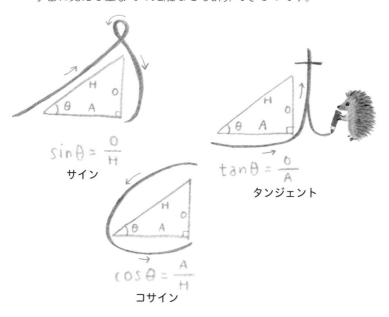

$$\sin\theta = \frac{O}{H}$$
サイン

$$\tan\theta = \frac{O}{A}$$
タンジェント

$$\cos\theta = \frac{A}{H}$$
コサイン

三角関数にはサイン、コサイン、タンジェント
sin, cos, tan の3種類がある
日本では、sとcとtのアルファベット頭文字の最初の文字を使って、それぞれの辺をなぞり、最初になぞった方の辺が分母になる分数としておぼえます。公式では、斜辺と底辺の間の角度を表すのにθ（シータ）というギリシャ文字がよく使われます。

三角関数がつくる波

　サイン、コサイン、タンジェントという呪文のようなことばの三角関数。直角三角形の2辺の比が角度によって変化し、それをグラフにすると、サインとコサインでは波型の曲線になります。

　音のような振動、つまり「周波数」のあるものは、このサインとコサインの三角関数の式を組みあわせることで、自在に対応させることができます。ややこしい計算式が必要ですが、それを入力することで、コンピューターの中で音声をつくりだすこともできます。

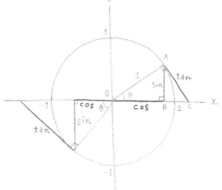

単位円（ユニット・サークル）
半径が1の円をもとに三角関数を考えるとサインはsin/1、コサインもcos/1。どちらも1が分母の分数だから。

左ページの図の三角形の頂点 A を単位円の円周に沿って動かすと、三角形の形がどんどん変わります。その変化する三角形から導かれるサイン、コサイン、タンジェントの値をグラフにすると、下図のようになります。サインとコサインは 360°で一周まわり、まわりつづけることでグラフに波の形ができます。

むずかしそうな話に思えますが、つまり、三角関数を使うことで、波形をつくり出すことができるのです。

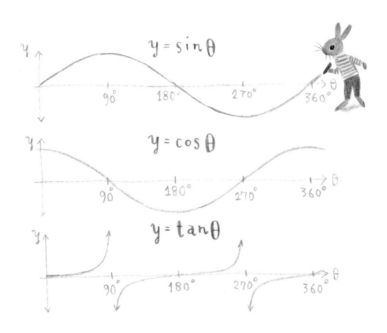

しましまは波でできている

　ねこやきりん、ジャガーやしまうまなどの体には、斑点やし
まもようがあります。こんなもようは、偶然できるようにも見
えますが、数学で計算して予想することができます。

　実は、いきものの斑点やしまもようは、皮膚のそれぞれちが
う色の細胞が、おたがい反応しながら並ぶ「波」に似た現象だ
そうです。はじめてこのもようを「波では?」ととらえ、その
反応を数式であらわせると考えたのは、第二次世界大戦中に「エ
ニグマ」と呼ばれるドイツ軍の暗号を解読したことで有名なイ
ギリスの数学者、チューリング（1912 ～ 1954）でした。そし
て、この予想を、近年、日本の生物学者、近藤滋先生が実験で
たしかめました。

　そのようなことを思いつく人がいるのも驚きですね。さあ、
ここで、トラねこのしまもようやジャガーの斑点を見てみてく
ださい。もう「波」にしか見えないかもしれませんよ。

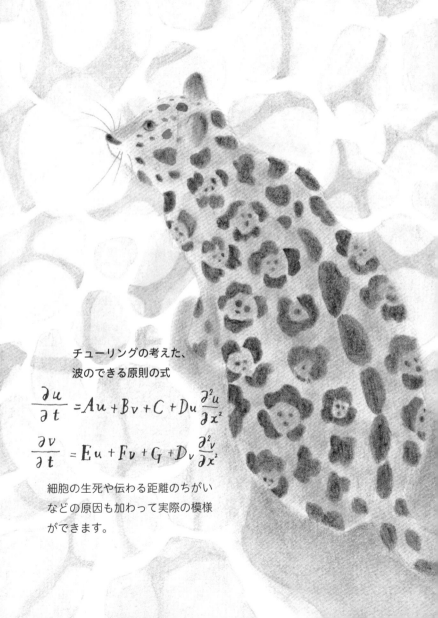

チューリングの考えた、
波のできる原則の式

$$\frac{\partial u}{\partial t} = Au + Bv + C + Du\frac{\partial^2 u}{\partial x^2}$$

$$\frac{\partial v}{\partial t} = Eu + Fv + G + Dv\frac{\partial^2 v}{\partial x^2}$$

細胞の生死や伝わる距離のちがい
などの原因も加わって実際の模様
ができます。

天文学的数字の計算は

　むかし、天文観測は、航海のとき、船の進む方向を知るために、なくてはならないものでしたが、コンピューターのない時代に、その計算をすることは、大変でした。そして、当時のイギリスの数学者ネイピア（1550 〜 1617）が、「対数」という考え方を使うと、その計算がかんたんにできると思いついたのです。

　「対数」は、「log」という記号を使う、掛け算のあらわし方の1つで、何の何乗という計算の別のあらわし方です。「log」ということばは、英語の logarithm の略。ネイピアが、ギリシャ

$N^x = y$

$\log N(y) = x$

$log n Y = X$ という式は、y という値を得るためには、n を x 回かけるという意味。$log_2 8$ であれば、$2 \times 2 \times 2 = 8$、つまり $2^3 = 8$ なので、答えは $log_2 8 = 3$ です。

語の logos（論理）などの語からつくったことばといわれています。

「log」の式を表にしておくと、掛け算を足し算に変換でき、計算がかんたんになります。ネイピアは20年もかけて一人でこつこつ計算した「対数表」をつくり、そのおかげで、天文学の計算はずっとかんたんにできるようになりました。

また、グラフで10の何乗倍のように数字が大きく変化するとき、すぐに目盛りが足りなくなります。そんなとき、縦軸と横軸、もしくは縦軸だけを対数で表示する「対数グラフ」を使うと、紙からはみ出ることなく、グラフを描けます。

ふつうのグラフだと脚立に
登らないと書けない…

でも、対数グラフなら、
だいじょうぶ！

ネイピア数

　ネイピア数、またはただ「e」とよばれ、特別あつかいされている数があります。ネイピアが最初にこの数に注目したので「ネイピア数」と呼ばれますが、e は、その研究をさらに進めたオイラー（Euler　P54 参照）の頭文字です。

$$e = 1 + \frac{1}{1} + \frac{1}{1 \times 2} + \frac{1}{1 \times 2 \times 3} + \frac{1}{1 \times 2 \times 3 \times 4} \cdots$$

　求め方は、分母を 1 から順番に増やし、掛けあわせた分数を、順番に足します。すると、答えが限りなく、2.71828…という無理数に近づきます。

　この式と直接関係ない場、たとえば利率によるお金の増え方など、答えがネイピア数に限りなく近づくときがあり、円周率 π と同じくふしぎな数といわれます。また、次の項目で紹介する e を含む「オイラーの公式」は電圧の計算など物理学に使われます。

$$\frac{1}{} \\ +$$

分数を小数に直すと　　　数列の合計

$$\frac{1}{1} \\ +$$　$= 1.0000000\cdots$　$\rightarrow$　$2.0000000\cdots$

$$\frac{1}{1 \times 2} \\ +$$　$= 0.5000000\cdots$　$\rightarrow$　$2.5000000\cdots$

$$\frac{1}{1 \times 2 \times 3} \\ +$$　$= 0.1666667\cdots$　$\rightarrow$　$2.6666667\cdots$

$$\frac{1}{1 \times 2 \times 3 \times 4} \\ +$$　$= 0.0416667\cdots$　$\rightarrow$　$2.7083333\cdots$

$$\frac{1}{1 \times 2 \times 3 \times 4 \times 5} \\ +$$　$= 0.0083333\cdots$　$\rightarrow$　$2.7166667\cdots$

$$\frac{1}{1 \times 2 \times 3 \times 4 \times 5 \times 6} \\ +$$　$= 0.0013889\cdots$　$\rightarrow$　$2.7180556\cdots$

$$\frac{1}{1 \times 2 \times 3 \times 4 \times 5 \times 6 \times 7}$$　$= 0.0001984\cdots$　$\rightarrow$　$2.7182540\cdots$

$$\vdots$$　　$\vdots$　　　　$\vdots$

$\downarrow$

$2.7182818\cdots$

(e)

093

$$e^{i\pi} + 1 = 0$$

　このタイトルの数式は、数学者オイラーが発見した、とても有名な式。『虚数の情緒』の著者、吉田武先生は「数学に興味のない人でも、この式だけは記憶に残してほしい」と書いています。指数関数、e（2.71828…）、円周率のπ（パイ）に虚数 i に 1 と 0。あまり関係なさそうに見える重要な数の関係が短い式にまとまっています。

　わたしは、この式がどうしたら出るのか知りたくて、解説書を見て、グラフや式を書いていたら、ノート一冊分になりました。微分積分、三角関数など、高校までに習った数学を使えば、なんとか追える内容です。最後に、なぜこの式になるか、どうにかこうにか知った瞬間、感動しつつも（あら、そういうこと？）と少し拍子抜けしました。想像した神秘は、理屈を知ると意外に現実の少しだけ先にあった、という感覚でした。とはいえ、もっと早くにこの式に出会い、理解したいと願っていたら、高校の数学も、もっと楽しかったかもしれません。

このオイラーの式のもとになる公式

$$e^{\pm i\theta} = \cos\theta \pm i\sin\theta$$

のグラフは永遠にくるくる回る円なの
です。そこに、時間軸 z を加えて3次
元のグラフにすると、らせんを描きま
す。らせんには、もとの式にふくまれ
ている三角関数によってできる波も加
わります。2次元を3次元に置きかえ
ると、ちがうものが見えるということ
なのですね。

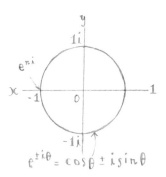

2次元のグラフ

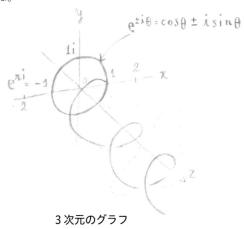

3次元のグラフ

池の面積を測るには？

「積分」ということばを聞いたことがありますか？

　このことば、そもそもがむずかしいのかもしれません。けれども実は、古代の人もこの考え方を思いついていた、とされています。

　たとえば、上図のような、不規則な形の池の面積を知りたいとしたら。池の形を長方形に分けて、合計しては？　この長方形の幅が大きいと、形がガタガタしますが、長方形の幅をできる限り小さな幅にすると、ガタガタもほとんどなくなって、なめらかな形になります。

　こんなふうに、積分はいびつな形を計算しやすい小さなパーツ（部品）に分け、面積や体積を足しあわせて計算する考え方をもとにうまれ、いろいろと応用されています。

円の面積

円の面積の公式も、積分からうまれました。1つのホットケーキを、8つに切って並べ替えると、長方形に近づきます。

そして、限りなく0に近づくくらい、小さなピースに切りわけられると頭の中で想像してみましょう。ホットケーキの円は、もっと長方形に近づきます。

この長方形の短い辺は、もとのホットケーキの半径。そして、長い方の辺は、ホットケーキのまわり、つまり円周の長さの半分です。円周の長さは、直径×π（バイ）ですから、その半分の円周は、半径×π。長方形の面積を出す式は、短い辺（半径）×（半径×π）になり、この式を整理すると、円の面積を求める公式、π r² になります。

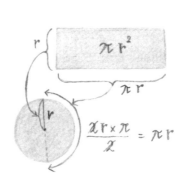

097

形がかわっても 同じ体積

　イタリアの数学者カヴァリエリ (1598 ? 〜 1647) は、トランプが大好きで、同じトランプの束を、きちんと束ねて置いてもずらして置いても、体積は同じだと、ふと気づいたそうです。「断面の面積と高さが同じであれば、形がちがっても、体積は同じ」という考えにつながり、「カヴァリエリの原理」と呼ばれるようになりました。

　かわった形をした立体でも、断面の面積が同じであれば体積を調べられるという、「積分」の考え方の１つです。形が複雑であれば、断面が同じ面積に近くなるパーツ（部分）に分けて計算し、足し合わせれば、だいたいの体積を知ることができます。パーツを細かく分けるほど、正確な値に近づける（近似する）ことができます。

　頭のはたらきが、やわらかくしなやかであれば、こんな発想ができるのですね。

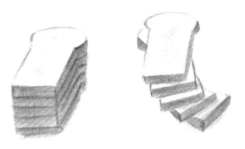

1斤の食パンを、重ねておいても、
少しずらして重ねても同じ1斤。

高さ

どこへ 向かっているの？

y

山のA地点からB地点までの坂は登り坂？ それとも下り坂？ それを知りたいとき、AとBの「標高」と、上から見たときの平面上の距離がわかれば、その坂がどんな傾きの坂か調べられます。

これと同じ計算をするのが微分です。「微分」では、AとBの間の距離が限りなく0に近いけれどもやっぱり0ではないと考え、2点のちがいを独特の方法で計算します。そして、ある1点は、どこかへ向かう動きや速さ、向きなどがあると考えるのです。微分は、イギリスの科学者ニュートン（1642～1727）と、ドイツの数学者ライプニッツ（1646～1716）が

3m

2m

1m

0

5m

ほぼ同じ時期に発見しました。ニュートンは、月などの軌道を
計算するために、微分法を考えたといわれます。

　たとえば今 7000 円もっていたら、だんだん増えて 7000 円
になったのか、減って 7000 円になったのかはちがうはずです。
青空と雲を見上げたとき、雨が上がって青空が見えたのか、雲
が出てきてこれから雨に向かうのかはちがいます。今の状態
と、それがどこへ向かっているか知るのは、大切なこと――それ
が「微分」の考え方だとすると、微分は世界のとらえ方の 1 つ
と呼べるかもしれません。

x　距離

10 m

無限に魅せられて

　宇宙には果てがある？　それとも、無限にどこまでも広がっている？　カントール（1845 〜 1918）は、「無限」に魅入られたドイツの数学者です。数を「整数」や「実数」など、いろいろな「無限集合」に分け、それらの無限の「密度」を比べようとしました。この発想は、のちの数学の世界に大きな影響をあたえました。

　でも、「無限の密度のちがい」なんて、わたしたちには理解しにくいことです。当時の数学者にも理解されないどころか厳しい攻撃まで受け、カントールは心を病んでいきました。晩年のカントール は、かのイギリスの戯曲作家「シェイクスピア」は複数の人々によるチームだったのでは？　という、数学とまったく関係ない研究に没頭していた…ともいわれます。

　有限の生命体である人間にとって、「無限」は想像を超えたものです。だからこそ、人は、無限というものを深くおそれ、また、強く魅せられるのでしょうか。

「無限」の「密度」?

　ドレスについている花に、ビーズを１つずつ縫いつけると、花１つにビーズ１つが対応することになります。「数える」とは、それと同じく、何かに数を１つずつ対応させること。花もビーズも無限にあれば、１つ、２つと数えられても、終わりはなく無限になります。たとえば、自然数や偶数の集合は、そのような無限集合です。

　いっぽう、数直線の無限は、ある数の「となりの数」は決められない、数えられない無限集合です。ドイツの数学者カントール（P102参照）は、数直線の無限と、面の無限は同じと考えました。

　数直線の１点を、糸をつけた針で刺し、同じ針で、次に面の１点を刺します。直線と面は、見た目がかなりちがいますが、無限にこのように針で刺すようにして、１点と１点を対応させることができます。

　このことから、カントールは、数直線と面では無限の「密度」

が同じだと考えました。そして線や面などの無限集合の方が、
自然数などの1つ1つ数えられる無限集合よりも「密度が濃い」
としたのです。

すべての集合のあつまり

　学校で習った「集合」は、∪を逆さまにしたような記号やベン図と呼ばれる絵が出てきた記憶があるくらいで、あまり面白いと思えませんでした。でも、今、背景にある考え方を知ると、哲学に近いものに感じられます。

「集合」は、「要素」のあつまりで、どの集合も自分自身がほかの集合の要素になり、さらに大きな集合があるとされます。

　すると「すべての集合のあつまり」という論理的には成りたたない「集合」ができてしまいます。たしかに、一番外がわの集合にも、常に、それより大きい集合があるとしたら、「すべて」ではなくなってしまいますね。これは、集合論の中でつじつまの合わない「パラドックス」と呼ばれてきました。

　日本の集合論の研究者、竹内外史先生は、これを「growing universe（宇宙が成長していく）ということ」と書いています。

　つまり、その考え方でいえば、「すべての集合」という閉じた世界はなく、世界はどこまでも無限に広がっているというこ

とになります。

　数学では、たとえば A = B, B = C だから A = C というようにすじ道を立てて「論理」を積み重ねていろいろなことを説明します。

　けれども、たとえばこの「すべての集合のあつまり」のように、すじ道を立てて理論を積み重ねていったはずなのに、つじつまが合わなくなって、論理的に説明のできない領域に行き着くときがあります。

　そのことを数学的に証明したのがカントールよりすこしあとの世代のオーストリア＝ハンガリー帝国出身の数学者、ゲーデル（1906 ～ 1978）です。その説明は「ゲーデルの不完全性定理」と呼ばれ、数学ではすべて証明できると考えていた当時の数学者たちに大きなショックをあたえたそうです。

　けれども、同時に数学が見せてくれる世界観は、宇宙の神秘により近づいたのかもしれないとも思います。

遺題継承（いだいけいしょう）

あとがきにかえて

　仏教の「空（くう）」という考え方では、「自分も外界もほんとうはなく、あるように見える世界のすべては、自分が目に見えるから、感じるからあると思うだけで、実体としてはない」ということになります。それは確かに、1つの真実かもしれません。

　では、数や数学も、人間の意識や認識がなかったら、ほんとうは、ないのでしょうか？

　たとえば、円周率π（パイ）は？　円は「1点から平面上で同じ距離の点のあつまり」と定義されます。でも、実際には絶対的に正確な円は、物体としてはない、と思います。どんなに精巧に円に近いものをつくったとしても、定義では、点や線には大きさや太さもないので、物質としては、あり得ないものです。つまり、円は実体としては存在せず、その直径と円周の長さの比率、つまり円周率πというのも、それを考える人間の頭の中にしかないのかもしれません。

　では、「数」も人間の頭の外がわにはないのでしょうか？

たとえば、雪の結晶は六角形です。水が凍ると6方向に向かって成長し、形ができます。自然は、凍った水がつくる角を6つとしています。6という数の呼び方や数え方を決めたのは人間ですが、人間がいなくても、雪の結晶が6つの方向にのびてできることには、変わりありません。結晶の角を数えたり、それを6と呼ばなくても、そこには、わたしたちが「6」と呼ぶ何かがあるように見えます。

　自然の中に「実体」として数はあるのでしょうか？　みなさんはどう思われますか？

　P42にも書きましたが、江戸時代の日本の「算学」では、本の最後に、答えをふせて、むずかしい問題をのせ、読者にゆだねる「遺題継承」という伝統がありました。その答えを見つけた人は、それを板に書いて「算額」として神社やお寺に奉納したそうです。ですから、この問いをこの本の遺題継承にしたいと思います。ただ、これはわたしがその答えを知っていて内緒にしているのではなく、ほんとうにわからないので、読者のみなさんにお聞きしたいと思いました。

おもな参考文献

「素数の音楽」(新潮社) マーカス・デュ・ソートイ著 冨永星訳

「フェルマーの最終定理」(新潮文庫)サイモン・シン著 青木薫訳

「虚数の情緒」(東海教育研究所) 吉田武著

「異端の数ゼロ」(早川書房)チャールズ・サイフェ著 林大訳

「オイラーの贈物」(ちくま学芸文庫) 吉田武著

「音律と音階の科学」(講談社ブルーバックス)小方厚著

「雪月花の数学」(祥伝社) 桜井進著

「波紋と螺旋とフィボナッチ」(秀潤社) 近藤滋著

「集合とはなにか」(講談社ブルーバックス) 竹内外史著

「世界を読みとく数学入門」(角川ソフィア文庫)小島寛之著

「対数 e の不思議」(講談社ブルーバックス)堀場芳数著

「「超」入門微分積分」(講談社ブルーバックス)神永正博著

「黄金比」(創元社アルケミスト双書) スコット・オルセン著 藤田優里子訳

「ゼロから無限へ」(講談社ブルーバックス)コンスタンス・レイド著 芹沢正三訳

「「無限」に魅入られた天才数学者たち」(早川書房) アミール・D・アクゼル著
青木薫訳

「夢中になる!江戸の数学」(集英社文庫) 桜井進著

「塵劫記」(岩波文庫)吉田光由著 大矢真一校注

「不完全性定理」(ちくま学芸文庫) 野﨑昭弘著

「数学の学び方・教え方」(岩波新書) 遠山啓著

「弓道 その歴史と技法」(ベースボール・マガジン社)松尾牧則著

「リズム」(春秋社)藤原義章著

$f(x)$

前田まゆみ

神戸市生まれ。英文学を専攻する大学生のころ、洋画研究所で絵画の基礎を学ぶ。

1994年ごろから絵本作家として活動。

植物や動物など、おもに自然をテーマに作品作りをする。

おもな著書に『野の花えほん』(あすなろ書房)、『幸せの鍵が見つかる 世界の美しいことば』(創元社)、『オーリキュラと庭のはなし』(アリス館)、『えほん 般若心経』(春秋社)、『くまのこポーロ たびだちのもり』(主婦の友社)など。翻訳書に『翻訳できない世界のことば』(創元社)、『だいすきだよ おつきさまにとどくほど』(パイ インターナショナル)などがある。京都市在住。

すうがく
さんぽ

2024年 5月30日 初版発行
2024年 10月30日 2刷発行

著 者	前田まゆみ
発行者	山浦真一
発行所	あすなろ書房
	〒162-0041
	東京都新宿区早稲田鶴巻町 551-4
	電話 03-3203-3350 (代表)
ブックデザイン	椎名麻美
本文組版	芳賀八恵
印刷所	佐久印刷所
製本所	ナショナル製本

© Mayumi Maeda
ISBN978-4-7515-3183-9 NDC914 Printed in Japan